LETTRE
A MONSIEUR
LE BARON DE MARIVETS,

Contenant diverses Recherches sur la nature, les propriétés & la propagation de la lumière; sur la cause de la rotation des planètes; sur la durée du jour, de l'année, &c.

PAR M. LEROY L'AINÉ, HORLOGER DU ROI,

PENSIONNAIRE DE SA MAJESTÉ.

A LONDRES,

Et se trouve A PARIS,

Chez LAMY, Libraire, quai des Augustins; & chez les Marchands de Nouveautés.

M. DCC. LXXXV.

LETTRE

A MONSIEUR

LE BARON DE MARIVETS,

Contenant diverſes Recherches ſur la nature, les propriétés & la propagation de la lumière ; ſur la cauſe de la rotation des planètes ; ſur la durée du jour, de l'année, &c.

SI je réponds ſi tard, Monſieur, à votre très-obligeante Lettre, publiée dans le Journal de France du 6 janvier de cette année, n'en ſoupçonnez, je vous prie, d'autre cauſe qu'une ſuite d'indiſpoſitions aſſez graves, qui ne m'a pas laiſſé toute la liberté d'eſprit dont je deſirois jouir en vous écrivant. J'ai cru ne pouvoir prendre trop de précautions pour mériter, s'il m'étoit poſſible, l'honneur de votre correſpondance.

Je n'ai cependant point eu le projet chimérique d'atteindre cette clarté élégante, cette aménité qu'on remarque dans vos moindres productions : en défendant contre vos ingénieuſes hypothèſes les opinions les plus reçues parmi les Savans, je m'eſtimerai heureux de pouvoir dire, comme le reſpectable Auteur de *l'anti-Lucrèce*, *eloquio victi re vincimus ipſâ.*

D'après ce que j'ai oſé vous obſerver, dans ma Lettre du 4 décembre 1784 (1), vous vous propoſez, Monſieur, de donner dans le prochain volume de la *Phyſique du monde*, la ſolution des difficultés élevées par Newton & ſes diſciples contre les tourbillons : je me bornerai donc, dans la préſente, à quelques obſervations ſur la cauſe que vous aſſignez à la rotation des planètes, à leur commune direction dans le zodiaque & à la lumière.

Il eſt certain que la révolution du

(1) Voyez *le Journal de France* à cette date.

Soleil, de la Terre, de Vénus, de Mars, de Jupiter, ſur leur axe, dans le même ſens & d'Occident en Orient; que le mouvement de toutes les planètes, des cinq ſatellites de Saturne, des quatre de Jupiter, de notre Lune, de la planète George ou Herſchel récemment découverte dans cette même direction, & dans une zone qui n'a pas plus de 16 degrés; il eſt certain, dis-je, Monſieur, que cette conformité doit porter à penſer, comme vous l'obſervez, que ces révolutions tiennent à une même cauſe dépendante du ſyſtême de l'Univers. Les Philoſophes qui le nient & nous diſent affirmativement : *hi motus originem non habent ex cauſis mechanicis. Ces mouvemens ne ſont point dus à des cauſes méchaniques* : ces Philoſophes, dis-je, me paroiſſent trop hardis & peu ſincères.

Mais plus vos raiſonnemens, ſur-tout ceux que vous appuyez ſur la multitude de projections diverſes, que l'Auteur de la nature auroit dû faire, pour déterminer le mouvement des planètes dans leur orbite & ſur leur axe, celui de leurs ſatellites, des comètes,

& des mondes qui environnent le nôtre (1); plus, dis-je, ces raiſonnemens nous induiſent à croire que *ces grands mouvemens, ces mouvemens primitifs des roues de la machine du monde*, *ont des cauſes méchaniques* (2); plus nous devons nous rendre attentifs ſur celles que vous leur aſſignez.

Vous avez adopté, ainſi que le très-célèbre Géomètre M. Euler (3), l'impulſion des rayons ſolaires. Selon vous, *la rotation des planètes eſt l'effet de l'inégalité de la force impulſive de ces rayons ſur les deux moitiés de leur hémiſphère éclairé* (4). J'avoue, Monſieur, que des expériences fort ſimples, mais ſur-tout celles de MM. de Mairan & Dufay, me paroiſſent contredire cette aſſertion.

J'ai obſervé dans une chambre obſcure

---

(1) *Phyſique du monde*, Préface, pag. 60 & ſuivantes.

(2) *Phyſique du monde*, tome ſecond, Avant-propos, page 7.

(3) Voyez ſa *Théorie de la lumière & des couleurs.* Voyez auſſi dans le ſecond volume de l'Académie de Berlin, année 1746, ſes *Recherches phyſiques ſur la cauſe des queues des comètes, de la lumière boréale & zodiacale, &c.*

(4) *Phyſique du monde*, tome II, partie 2, page 69.

les atômes éclairés par une petite ouverture, & ne leur ai jamais vu aucune direction fixe, non plus qu'à la fumée que j'y présentois.

« Je me suis procuré, dit M. de Mairan (1), une roue horisontale de trois » pouces de diamètre, ayant six rayons, » à l'extrémité de chacun desquels est une » petite aîle oblique, & dont l'axe de fer » ne tient par sa pointe qu'au bout d'une » baguette d'acier aimantée. La roue & » l'axe ne pèsent guère en tout que trente » grains: rien de plus mobile; mais en » même temps, rien de moins certain » que l'induction qu'on en voudroit tirer » en faveur de l'impulsion des rayons. La » machine tourne tantôt d'un côté, tantôt » de l'autre, selon qu'on approche plus ou » moins une de ses aîles en deçà ou au- » delà du foyer d'une loupe de sept à huit » pouces de diamètre. Il faudroit en con- » clure que les rayons attirent & repous-

(1) *Traité de l'aurore boréale*, neuvième éclaircissement, pag. 371.

» ſent en divers points du cône formé par » la loupe; mais l'exploſion d'une maſſe » d'air ſubitement & inégalement échauf- » fée autour de l'aîle où l'on applique le » foyer, donne une raiſon ſuffiſante de » ces effets ».

Or, ſi la lumière du ſoleil réunie au foyer d'un verre ardent, lorſqu'elle agit ſur des corps auſſi libres, auſſi mobiles, ne leur imprime aucun mouvement ſenſible; comment par la ſimple inégalité ſuppoſée de ſon action ſur leur ſurface, pourroit-elle communiquer une vîteſſe de rotation ſi rapide à des globes d'une maſſe énorme, d'un diamètre de 2865 lieues, comme celui de la Terre; de 30,832 lieues, tel que celui de Jupiter?

Les différentes vîteſſes avec leſquelles les planètes tournent ſur leur axe, n'indiquent-elles pas encore une cauſe de cette rotation, différente de celle que vous donnez? Le diamètre de Vénus, par exemple, égale à-peu-près celui de la Terre: elle eſt d'environ un tiers plus près du Soleil; ainſi la force avec laquelle les rayons ſolaires la feroient tourner ſur ſon axe, ſeroit dans votre hypothèſe, à celle qui produit la révolution diurne de notre globe; comme le quarré de 3 à celui de 2, comme 9 à 4. Cependant la vîteſſe de Vénus à ſon équateur eſt de 357 lieues par heure, & celle de la Terre eſt de 376. Jupiter étant environ cinq fois plus éloigné que nous du ſoleil, la force impulſive des rayons de cet aſtre devroit y être 25 fois plus petite que ſur notre globe; cependant ſa vîteſſe horaire eſt près de 26 fois plus grande que celle de la Terre. Jupiter, il eſt vrai, par ſa groſſeur, préſente aux rayons ſolaires, une ſurface environ 122 fois plus grande que ne fait notre globe: mais ſa maſſe étant à celle de la terre, comme 340 à 1; cette plus grande ſurface eſt plus que compenſée par le ſurcroît de maſſe à mouvoir, & la difficulté reſte dans ſon entier.

On vous a objecté que, d'après vos principes, le globe terreſtre étant plus près du ſoleil de 1,103,120 lieues dans le périhélie que dans l'aphélie, ſa révolution diurne devroit être accélérée dans le premier cas, & retardée dans le ſecond ; l'énergie des rayons ſolaires devant y être réciproquement, comme le quarré des diſtances, &c. (1).

L'Auteur de cette difficulté a cru la réſoudre, en diſant que la plus grande vîteſſe des couches du tourbillon ſolaire qui rencontrent l'hémiſphère inférieur de la planète, devoit être une force ſouſtractive de celle d'irradiation à laquelle vous attribuez ſa rotation ; que cette force ſouſtractive étoit d'autant plus grande, que la Terre ſe trouvoit plus près du Soleil, &c. (2).

Cette prétendue ſolution me ſemble confirmer la remarque déjà faite, que l'eſprit humain eſt plus propre à détruire qu'à édifier. Conçoit-on en effet que des cauſes auſſi diverſes, dont par la ſuppoſition les progreſſions ne ſeroient point ſemblables, puſſent produire des effets ſi uniformes, qu'il n'en réſultât pas ſur les révolutions

(1) Journal de France du 7 ſeptembre.

(2) Journal du 30 novembre, ſupplément.

journalières dans l'aphélie & le périhélie $\frac{1}{172800}$me de différence ? Car jusqu'à présent par l'observation des étoiles fixes, on n'a pu assigner un demi, un quart de seconde, &c. de variation dans les deux cas, en 24 heures.

Poursuivons, Monsieur : *les Champs si fertiles de la science* (1), pour me servir de vos expressions, sont bien agréables à parcourir, sur-tout quand on les trouve, comme dans vos ouvrages, dépouillés d'épines, enrichis de fleurs, & de tous les agrémens dont ils sont susceptibles. En lisant le second volume de la Physique du monde, quoique je ne sois pas toujours de votre sentiment, je me sens singuliérement frappé de la sublime réflexion de M. de Fontenelle. « Il y a, dit-il, dans certaines mines » très-profondes, des malheureux qui y » sont nés, & qui mourront sans avoir vu » le soleil ; tel est à-peu-près le sort de » ceux qui ignorent la nature, l'ordre, le » cours de ces grands globes qui roulent

(1) Journal de France du 6 janvier 1785.

» ſur leur tête, à qui les plus grandes beau-
» tés du ciel ſont inconnues, & qui n'ont
» point aſſez de lumière pour jouir de
» l'Univers (1) ».

L'opinion généralement reçue ſur la lumière, eſt qu'elle ſe propage en ligne droite. Les corps enflammés ſemblent le démontrer. Selon vous cependant, Monſieur, « il eſt certain que l'action ſolaire
» ſe propage par des lignes ſpirales, &
» que nous ne voyons jamais le ſoleil en
» ſon vrai lieu, &c. » (2). Ces ſpirales naiſſent, dites-vous, de l'action du tourbillon ſolaire, & *de ce que les orbes intérieurs marchent avec plus de vîteſſe que ceux qui les enveloppent* (3). C'eſt, continuez-vous, à cette cauſe, que nous devons la rotation des planètes (4).

Permettez-moi de le dire, Monſieur;

---

(1) *Eloge* de M. Dominique Caſſini.

(2) *Phyſique du monde*, tom. 2, ſeconde partie, pag. 51, 52, 55, 71. Voyez auſſi la planche 3 repréſentant *l'organiſation intérieure du tourbillon ſolaire.*

(3) *Ibid.* pag. 50.

(4) *Ibid.* pag. 71 & 72.

ſi cette hypothèſe étoit fondée, les aſtres dans leur cours n'offriroient aucune régularité. Par exemple, la lumière d'une étoile en conjonction avec la Terre, qui, pour nous parvenir, auroit à traverſer le demi-diamètre de notre tourbillon, moins notre diſtance au ſoleil, éprouvant des inflexions moins grandes que quand l'étoile ſeroit vers l'oppoſition, non-ſeulement parce qu'avant d'arriver à nous, elle parcourroit, dans ce dernier cas, le demi-diamètre du tourbillon, plus la diſtance de notre globe au ſoleil; mais encore parce qu'elle franchiroit des orbes plus voiſins de cet aſtre; par conſéquent plus puiſſans pour la détourner de ſa direction; il s'enſuivroit que l'inflexion des rayons de cette étoile, éprouvant des changemens journaliers, ſes révolutions diurnes nous montreroient des variations continuelles dans leur durée.

« La lumière du Soleil, pourſuivez-» vous (1), eſt produite par le frottement » de cet aſtre, contre les molécules de

(1) *Phyſique du monde*, tom. 2, pag. 83.

» l'éther, comme le ſon l'eſt par le frottement de la roue d'une vielle, contre » les parties de la corde qui la touche ».

Mais, Monſieur, Vénus, Mars, la Terre, tournent ſur leur axe. Le mouvement horaire de Jupiter eſt ſix fois plus grand que celui du Soleil. Ces planètes devroient donc, *par le frottement de leur ſurface contre l'éther*, briller d'un éclat non emprunté. D'ailleurs, comme le frottement en queſtion ſeroit infiniment moindre vers les poles du Soleil, où le mouvement devient nul, qu'à ſon équateur, la lumière devroit y être beaucoup plus foible ; ce qui eſt contraire à l'obſervation.

Enfin, adoptant l'opinion de MM. Jean Bernoulli (1), Euler (2), &c. la lumière, ſelon vous, conſiſte dans les vibrations de l'éther ; vous le regardez avec Newton comme un fluide infiniment élaſtique (3). J'en demande pardon à ce grand homme

---

(1) *Recherches phyſiques ſur la propagation de la lumière.*

(2) *Théorie de la lumière & des couleurs, &c.*

(3) *Phyſique du monde*, tom. 2, part. 1, pag. 29 & ſuivantes.

& à vous, Monſieur; mais cette élaſticité facile à ſuppoſer, ne l'eſt nullement à concevoir.

Nous voyons bien tous les fluides, l'air, l'eau, le mercure, &c. devenir élaſtiques au moyen du feu ou de la lumière, parce qu'elle agit pour diſtendre, écarter les parties de ces fluides où elle ſe trouve engagée, confondue & captivée : mais qui procurera cette propriété à l'éther ? Si nous ſuppoſons, comme tout porte à le croire, que ſes particules ſont élémentaires, ſimples, inaltérables & parfaitement dures, de l'aveu des Phyſiciens, elles n'auront aucune élaſticité; car où il ne peut y avoir ni compreſſion ni dilatation, il ne peut y avoir de reſſort.

De célèbres Métaphyſiciens & Géomètres ont reconnu toute la force de cette difficulté. Pour la réſoudre, les uns avec le père Malebranche (1), ont compoſé tout l'éther de tourbillons très-petits. M. Jean

---

(1) Voyez ſes *Eclairciſſemens ſur la lumière & ſur l'optique*, tom. 4, édition de 1712, pag. 531.

Bernoulli les ayant adoptés, a ſuppoſé un noyau au centre de chacun d'eux, &c. (1).

On a bientôt ſenti tout le romaneſque de ces ſuppoſitions. En effet, comment dans le plein ces tourbillons pourroient-ils ſe mouvoir, ſans ſe confondre & ſe détruire l'un l'autre (2), ainſi qu'on l'a objecté à l'égard des grands ? Si l'on admet du vuide entre eux, comment leurs parties ne ſe diſſiperont-elles pas, par cette grande force centrifuge qu'on leur ſuppoſe ?

Abandonnant ces petits tourbillons ſi chimériques, dirons-nous, avec quelques Newtoniens, que les particules de l'éther tendent à ſe fuir ? Outre que cette ſuppoſition eſt purement gratuite, la réunion des rayons au foyer des verres & miroirs ardens, en montre la fauſſeté.

Arrêtons-nous un moment, s'il vous plaît, Monſieur, ſur ce fait, dont, peut-être, on n'a pas vu toutes les conſéquences. Il

(1) Voyez ſes *Recherches phyſiques ſur la propagation de la lumière.*

(2) Voyez *le véritable ſyſtême de Newton*, par le père Caſtel, pag. 308, &c.

me paroît démontrer rigoureusement la propagation de la lumière par émanations. En physique, rien de plus important que l'éclaircissement d'une vérité fondamentale, telle que celle-ci. *Plus*, disoit l'ingénieux historien de l'Académie, parlant de méchanique (1), *une invention approche de la perfection, plus nous devons nous efforcer d'y ajouter ce qui lui manque :* on peut en dire autant dans la science des choses naturelles : plus une opinion est probable, plus nous devons nous attacher à découvrir les faits & les conséquences qui peuvent l'élever à la démonstration, sur-tout quand elle est essentielle, comme celle dont nous parlons.

En effet, si les parties de la lumière sont contiguës, comme vous l'admettez avec Descartes (2) ; si elle se propage par impulsion ou par des vibrations qui en résultent, le fond du cartésianisme doit être admis. Si au contraire elle nous vient par

(1) *Histoire de l'Académie des Sciences*, de 1700.

(2) *Physique du monde*, pag. 23, 29, tom. 2.

une émiſſion réelle de parties contenues dans le corps lumineux, le ſyſtême de Newton paroît démontré.

Je ne dirai point, après beaucoup d'autres, que par les loix de l'hydroſtatique, ſi la lumière conſiſtoit dans l'impulſion d'un fluide, les objets ne feroient jamais d'ombre. Sans m'arrêter à cette objection capitale, je perſiſte à demander aux partiſans de cette hypothèſe, d'où viennent les prodigieux effets des verres & miroirs ardens? Comme, ſelon eux, les globules de lumière ſe touchent; leur nombre ne peut être multiplié, dans quelque endroit que ce ſoit : il faudra donc répondre, qu'au foyer il y a une plus grande quantité de globules agités, ou que ceux qui le ſont, le ſont infiniment davantage.

Cette dernière ſuppoſition eſt évidemment fauſſe; les corps ne pouvant jamais communiquer une vîteſſe plus grande que celle qu'ils ont, lorſqu'un globule auroit reçu un certain mouvement par une file d'autres globules, il ne pourroit jamais en recevoir des files ſemblables qui n'auroient que le même degré de vîteſſe. D'un autre côté les globules comme enclavés les uns dans les autres, ſe ſoutenant réciproquement, il ſeroit impoſſible qu'ils puſſent acquérir une direction vers le foyer.

Figurons-nous, par exemple, qu'une multitude de globules, tels que ceux avec leſquels les enfans jouent, tombent ſur un miroir concave les uns après les autres, parallélement à ſon axe, on ſent qu'alors ils ſe dirigeront au foyer; mais on voit en même temps qu'ils n'y tendront jamais, ſi contigus & preſſés les uns contre les autres, ils y tombent en maſſe. On doit en dire autant de l'eau, de l'air, & de tout fluide choquant le miroir de cette façon.

Il y a plus; ſuppoſant élaſtiques les globules de lumière, il eſt clair, s'ils ſont contigus, que frappant un miroir ardent, ils ſe réfléchiront de toutes parts. Car leur diamètre ne pourra diminuer d'un côté par la preſſion, ſans augmenter d'un autre, & ſans que l'action de la lumière ſe faſſe ſentir latéralement & de tous côtés.

Le même raiſonnement ſubſiſte pour les

verres convexes, & pour l'inſtrument compoſé d'une multitude de miroirs plans, que M. le Comte de Buffon a imaginé après Archimède (1).

Si donc le ſyſtême des globules contigus & du plein avoit lieu, jamais l'aſtronome ne ſe ſeroit ſervi de téleſcopes; jamais les lunettes n'auroient aidé la vue des vieillards : l'optique, la dioptrique, & la catoptrique, n'auroient aucun fondement dans la nature.

Pour répondre à ces objections, il faut néceſſairement admettre beaucoup d'eſpace entre les globules, ou, ce qui eſt la même choſe quant à l'effet, un milieu non réſiſtant; mais pour lors la propagation de la lumière ne peut avoir lieu que par émanation; car ſuppoſant que, par un choc ſucceſſif, le mouvement des globules voiſins du Soleil, par exemple, pût paſſer juſqu'à nous, comme il ſeroit impoſſible qu'ils ſe choquaſſent tous toujours centralement;

---

(1) Voyez les *Supplémens à l'hiſtoire naturelle*, tom. 2, pag. 297.

comme au contraire il n'y auroit rien de fixe dans la manière dont ils viendroient frapper nos yeux, étant eux-mêmes choqués dans une infinité de directions différentes, le spectacle de la nature ne nous offriroit que des objets scintillans & dansans : nous serions dans un continuel vertige (1).

S'il y a des démonstrations en physique; on ne disputera pas ce titre aux raisonnemens qui précèdent. Pourquoi donc, malgré ces preuves & tant d'autres, l'émission est-elle encore contredite par des personnes d'ailleurs fort éclairées & par vous-même, Monsieur (2) ? Cela vient de ce qu'on ne se fait pas une juste idée de la lumière.

Les uns voyant que la flamme de nos feux terrestres en répand beaucoup, se figurent que les émissions sont des flammes légères ; sans considérer que si la flamme nous éclaire, c'est par le principe ignée qui

(1) Voyez sur ce sujet la page 416 du *véritable système de Newton*, par le père Castel.

(2) Voyez *la Physique du monde*, tom. 2, part. 1 pag. 39 & suiv.

s'en élance, non par ce composé d'air, d'eau, de sel & de terre, nommé *flamme*, que l'air rassemble à quelque distance du corps enflammé.

Selon d'autres, « les rayons de la lumière » sont des fils entiers parfaitement roides, » qui de l'objet lumineux s'étendent jus- » qu'au plan sur lequel ils vont représen- » ter ce même objet (1).

» La lumière, dit M. Sigaud de la Fond, » s'échappe de tous les points du disque » du Soleil, par une multitude de *petits* » *filets*, qu'on appelle rayons lumineux, » ces *filets*, &c. » (2).

Les Auteurs de l'Encyclopédie & ceux qui en ont compilé les articles (3), sont aussi de ce sentiment: ils ne trouvent d'autres réponses à faire à la demande, *comment les*

---

(1) *Essais de Physique*, de M. Mussembroek, pag. 510.

(2) *Dictionnaire de Physique*, tom. 3, pag. 55. Voyez les objections de M. Huguens, contre les émissions. *Traité de la lumière*, pag. 2. Voyez aussi les *leçons de physique*, de l'Abbé Privat de Molière, tom. 4, pag. 465, &c.

(3) Voyez ces Dictionnaires, aux mots *Lumière*, *Propagation*, &c.

rayons de lumière peuvent ſe croiſer ſans ſe nuire, que de dire, *qu'ils ne ſe croiſent pas réellement, mais paſſent l'un au-deſſus de l'autre, & ſont cenſés ſe croiſer à cauſe de leur extrême petiteſſe.*

Mais comment ces prétendus *filets* ſe mouvroient-ils dans les différens milieux ? Comment le corps lumineux pourroit-il ſuffire à une ſi prodigieuſe dépenſe ? C'eſt ce qu'il eſt impoſſible de concevoir.

Prenons ſur la lumière une idée plus conforme à la raiſon & à la nature des choſes ; regardons-en tous les rayons comme compoſés d'une infinité de corpuſcules, dont la ſubtilité ſurpaſſe tout ce qu'on peut imaginer ; qui, loin d'être contigus, s'élancent du corps lumineux & ſe ſuccèdent à des diſtances aſſez conſidérables, mais avec une telle rapidité, que nos yeux, fuſſent-ils mille fois plus ſenſibles, ne pourroient s'en appercevoir : nous verrons que les ſeules émiſſions peuvent rendre raiſon des phénomènes que nous découvre l'optique & la catoptrique. Les obſervations ſuivantes éclairciront ce que j'avance.

Par les expériences de M. Darcy, un corps lumineux attaché à la circonférence d'une roue ſe montre ſous la forme d'un cercle : on ne peut appercevoir ſon mouvement ni ſa ſucceſſion dans l'eſpace qu'il parcourt, lorſqu'il ſe trouve au même lieu toutes les huit tierces (1). D'après ces obſervations, & d'après celles de Rœmer & de Bradley, qui prouvent que la lumière parcourt environ 80,000 lieues par ſeconde, on trouve que les globules dont elle eſt compoſée, partant d'un point, ſe ſuivroient dans une même ligne à plus de 8,000 lieues l'un de l'autre, ſans que l'œil s'apperçût de leur ſucceſſion ; que s'ils ſe ſuivoient ſeulement à la diſtance d'une lieue, l'œil ſeroit frappé en un ſeul point dans une ſeconde, par plus de 80,000 corpuſcules de lumière, &c.

On ne dira donc pas, que ſi dans l'émiſſion ces globules étoient éloignés l'un de l'autre, l'œil s'en appercevroit. Or, qu'ils le ſoient en effet, c'eſt ce que les expériences ſuivantes prouvent.

---

(1) *Mémoires de l'Académie*, année 1765.

1°. Tout le monde ſait que ſi l'on fait un trou avec une épingle dans une carte, on peut voir à travers près d'un tiers de l'horizon: le nombre infini de rayons qui paſſent ſans ceſſe par un ſi petit trou, quelque éclatant que ſoit le jour, ſe croiſent donc, dans les humeurs de l'œil; en telle ſorte, que ſans aucune confuſion, les objets de la droite vont ſe peindre à gauche ſur la rétine, & ceux d'en-bas ſe placent en haut; ainſi du reſte.

2°. Les rayons du Soleil frappant un miroir ardent de 1452 pouces de ſurface, le plus grand qu'on ait encore fait, ſe croiſent, pourſuivent leur route ſans aucun dérangement, & n'occupent au foyer qu'un demi-pouce.

3°. Malgré une ſi grande concentration, on voit à travers ce foyer dans toutes ſortes de directions, le plus petit objet diſcernable, ſans que ſon image ſoit en rien affoiblie ou troublée.

Or, comment tant de rayons réunis ne ſe nuiroient-ils pas les uns les autres? Comment pourroit-on voir un objet à travers, ſans que ſon image fût affoiblie ou troublée, ſi les rayons qui en viennent ne ſe pénétroient pas l'un l'autre, & s'ils étoient des fils ou filets qui n'admiſſent aucun intervalle entre leurs parties?

D'ailleurs, ſi la lumière n'eſt pas encore plus concentrée par le miroir concave, c'eſt qu'il n'a pas la courbe requiſe & un poliment parfait; s'il réuniſſoit ces avantages, quelque chicane qu'on pût faire ſur cet article, il n'eſt pas douteux qu'il ne raſſemblât les rayons en un ſeul point.

Ces conſidérations firent ſoupçonner à une perſonne reſpectable par ſa naiſſance & par des lumières (1), qu'on croyoit ne pouvoir être le partage de ſon ſexe, que le feu n'avoit pas l'impénétrabilité; mais dès qu'on admet la définition que nous avons donnée de la lumière, toutes ces difficultés s'évanouiſſent; alors les rayons ſont en effet pénétrables, ſans qu'elle le ſoit pour cela.

---

(1) Madame la Marquiſe du Châtelet, voyez ſon Mémoire ſur le feu. Il paroît que M. Newton n'étoit pas éloigné de ſon ſentiment. *De naturâ radiorum*, dit-il, *utrum ſint corpora, nec ne nihil omnino diſputans! philoſophiæ naturalis principia mathematica propoſitio 96, ſcholium.*

Ne ſoyons donc pas étonnés qu'une immenſe quantité de rayons convergens paſſent par un même point, ſans ſe déranger de leur route. Car, par exemple, lorſqu'un globule d'un premier rayon vient de paſſer par le point de convergence, des millions d'autres appartenans à différens rayons y paſſent ſucceſſivement, avant qu'un ſecond globule du premier, qui peut-être eſt à pluſieurs toiſes ou même pluſieurs lieues de celui qui l'a précédé, ſoit arrivé au même point, & ainſi des autres.

Ici, Monſieur, je m'attends à pluſieurs queſtions de votre part, qu'il eſt bon de prévenir. Vous demanderez ſi un rayon tel que je l'imagine, c'eſt-à-dire, une ſuite de globules fort diſtans l'un de l'autre, contient toutes les eſpèces de globules dont l'aſſemblage fait le blanc. Vous voudrez ſavoir encore comment, ſi la vîteſſe eſt différente dans ceux de divers genres; les rouges, par exemple, dont la vîteſſe, ſelon M. Bernoulli (1), eſt à celle des violets,

(1) Mémoire qui a remporté le prix de l'Académie ſur la propagation de la lumière, pag. 61.

comme 55 à 54, & qui nous viennent du Soleil 8 secondes $\frac{2}{11}$ plutôt; vous demanderez, dis-je, si les globules rouges n'iront pas rencontrer les violets, & produire l'inconvénient remarqué plus haut dans la propagation, par un choc successif.

Il n'est pas impossible que le cas n'arrive; mais je réponds, que l'organe de la vue ne peut être sensiblement affecté que par plusieurs millions de globules; qu'il n'y en a peut-être pas une seule file qui se succède précisément dans la même ligne, & que leur grande ténuité les empêcheroit de se choquer, quoique passant infiniment près l'un de l'autre.

Quelques Physiciens prétendent que les pertes qu'éprouve le soleil par ses émissions, sont *suffisamment réparées* par la lumière qui lui est renvoyée des planètes & par celle des étoiles fixes. Mais si, comme ils le disent, *ce commerce rendoit nulle la dissipation de substance objectée par les Cartésiens*, nous n'aurions point de nuit, puisque nous recevrions une quantité de cette lumière restituée proportionnelle, comme celle du Soleil, à l'espace que notre globe occupe; si même les étoiles & les planètes envoyoient au soleil seulement la 300,000^{me} partie de la lumière qui émane de son disque, elles nous éclaireroient autant que la Lune lorsqu'elle est pleine. Car, par les observations de M. Bouguer, la densité des rayons de la pleine Lune, est à celle de la lumière du Soleil comme 1 à 300,000.

Cette prétendue compensation est donc illusoire : mais considérez, je vous prie, Monsieur, à quel point la lumière peut être rare par les raisons ci-devant rapportées; je me flatte que les objections contre son émission, tirées de l'épuisement que le Soleil pourroit en éprouver, & celles que vous avez déduites dans *la Physique du monde* (1), ne vous paroîtront plus d'aucune valeur.

Permettez-moi de vous faire remarquer encore, sur le sujet que nous traitons, une erreur que la subtilité de l'esprit a enfantée;

(1) Tom. 2, part. 1, pag. 39 & 40.

mais qui pour cela n'en eſt pas moins une erreur. Les progrès de la phyſique, vous le ſavez, ſe comptent autant par les préjugés qu'elle détruit, que par les nouvelles connoiſſances qu'elle procure. Le Phyſicien qui veut tirer une vérité des ténèbres dont elle eſt comme enveloppée, doit avant combattre beaucoup de fauſſes opinions contraires à ſon deſſein. Semblable, en quelque ſorte, au héros du Taſſe, s'il veut élever un monument ſolide, il faut, pour ainſi dire, qu'il commence par s'enfoncer dans une forêt remplie de chimères & d'illuſions; ce n'eſt ſouvent qu'après s'être eſcrimé contre des êtres fantaſtiques, qu'il peut, avec ſuccès, diriger ſes travaux vers le but qu'il s'eſt propoſé (1).

« La lumière eſt, dit-on, réfléchie avec » régularité de deſſus les corps, malgré les » inégalités des ſurfaces les plus polies; il » y a donc un *pouvoir répulſif* agiſſant à ces » ſurfaces, qui produit la réflexion (2) ».

---

(1) *Jéruſalem délivrée*, chant dix-huitième.

(2) Voyez l'*Optique de Newton*, queſt. 31; le *Diction-*

Cette ſuppoſition gratuite laiſſe viſiblement dans ſon entier, la difficulté qu'on prétendoit réſoudre. Car cette faculté répulſive, étant attachée à chaque particule des corps polis, devroit ſuivre toutes les inégalités qui s'y trouvent.

Selon les partiſans de cette hypothèſe, la lumière qui nous vient des ſurfaces antérieures & poſtérieures d'une glace de miroir, ne nous eſt pas renvoyée par une même cauſe. « La première vient d'une » force répulſive, la ſeconde au contraire » d'une attraction (1) ».

On convient que les rayons qui ſortent du verre ſous un petit angle ſont forcés d'y rentrer par ſon attraction, ce qui opère à nos yeux un effet ſemblable à celui de la réflexion. Mais à tort conclut-on de ce cas particulier, que tous les rayons qui partent de la ſurface poſtérieure d'un miroir de glace, nous viennent par cette cauſe.

---

naire de phyſique, par M. Sigaud de la Fond; & *l'Encyclopédie*, au mot *Réflexion;* Muſſembroek, tom. 3, pag. 67, &c.

(1) Voyez les Auteurs cités dans la précédente note.

Car dès que la lumière cesse de tomber sous une aussi grande obliquité, elle ne rentre plus dans le verre. C'est la raison pourquoi une glace ne devient miroir que quand elle a été étamée.

De plus, lorsque les rayons, sortant de la surface postérieure du verre sous un certain angle, sont forcés d'y rentrer ; l'expérience fait voir que si à cette surface ils rencontrent un milieu plus dense que l'air, l'eau, par exemple, ils ne rentrent plus alors dans le verre. On attribue cette différence à l'attraction plus forte de l'eau. Selon ces principes, l'étain étant plus dense que l'eau & le verre, il doit attirer la lumière plus fortement. Les rayons réfléchis de la surface postérieure d'une glace étamée, ne viennent donc point de l'attraction de cette glace.

Mais, dit-on, « lorsqu'un rayon de lu-
» mière, reçu par un fort petit trou dans
» la chambre obscure, tombe sur un poil,
» un fil, une paille, &c. l'ombre de ces
» corps, observée à quelques pieds de dis-
» tance, est trouvée, toute déduction faite,

» beaucoup plus grande qu'elle ne devroit » l'être à raiſon de leur diamètre : on y » voit de plus de part & d'autre des limites » de l'ombre, des bandes ou franges colo- » rées, &c. (1) ».

On ne nie point ces faits, ſuite de la difraction obſervée par Grimaldy. Les rayons choquant ces corps ſous différens angles, une partie ſuit ſa route, en s'écartant de part & d'autre du corps éclairé. D'ailleurs l'électricité, le magnétiſme, les atmoſphères de certaines ſubſtances, &c. peuvent avoir part à cet effet, lorſque les rayons paſſant près des objets preſque parallélement, ont peu de force pour y entrer quand ils ſont tranſparens, ou les choquer lorſqu'ils ſont opaques.

S'il falloit attribuer la réflexion de la lumière à une faculté répulſive univerſelle, non-ſeulement dans la chambre obſcure, mais encore en tout lieu, les ombres ſeroient toujours plus grandes que les corps

---

(1) Voyez l'article *Réflexibilité* du *Dictionnaire de Phyſique*, par M. Sigaud de la Fond, &c.

qui les formeroient. Or, tout le monde convient que « ſi une ſphère lumineuſe eſt » plus grande qu'une ſphère opaque qu'elle » éclaire, l'ombre formera un cône dont » la baſe ſera le corps lumineux; que ſi la » ſphère lumineuſe eſt égale à la ſphère » opaque, l'ombre ſera un cylindre & s'é- » tendra, pour ainſi dire, à l'infini (1) ».

Ce qu'il y a de plus ſingulier, c'eſt que les fauteurs de ces facultés répulſives expliquent la réfraction par l'attraction. Ainſi une ſurface ſeroit en même temps attractive & répulſive. Mais quelle ſeroit cette dernière puiſſance? ils n'y ont jamais réfléchi: cette force, ſans ſe faire ſentir ſur les autres corps, puiſque deux glaces preſſées l'une contre l'autre adhèrent fortement dans le vuide; cette force, dis-je, devroit faire parcourir à la lumière plus

(1) Voyez au mot *Ombre*, l'*Encyclopédie*, le *Dictionnaire* de M. Sigaud de la Fond. Voyez auſſi dans les *Mémoires de l'Académie*, année 1711; les recherches très-curieuſes de M. Maraldi; elles prouveroient que les ombres, toute déduction faites, ſont plus petites qu'elles ne devroient l'être, à raiſon du diamètre des corps éclairés.

de

de 33 millions de lieues en 7 minutes & demie : car, ils ne l'ignorent pas, sa vîtesse n'a été déterminée que par la réflexion qui s'en fait sur les satellites de Jupiter.

Je demanderai enfin comment on fait que les corps les plus polis sont remplis de sillons, de pores, &c. On les apperçoit, dira-t-on, avec de forts microscopes. Mais puisqu'on les voit, que deviennent ces facultés, ces *surfaces virtuelles* qui devoient nous les voiler ?

Pour bannir à jamais de la philosophie Newtonienne ces chimériques assertions qui la dégradent, rapportons ce qu'en pense un des meilleurs Physiciens de ce siècle, juste admirateur de l'immortel Newton, & partisan zélé de la gravitation universelle (1).

« Nous sommes fâchés, dit-il, que » le grand Newton ait insinué cette ma- » nière de procéder en physique, dans » plusieurs endroits de son optique, sur-

(1) M. Paulian, Professeur de Physique au Collège d'Avignon. Voyez son *Dictionnaire*, au mot *Répulsion.*

» tout dans la proposition huitième de la
» troisième partie du livre second, où il
» parle de la réflexion de la lumière :
» les preuves qu'il apporte de l'existence
» des loix de répulsion, sont aussi peu con-
» cluantes que celles du docteur Désa-
» guilliers ; & tout ce qu'on peut dire pour
» l'excuser, c'est qu'il n'a donné ses ques-
» tions d'optique, que comme des doutes
» & non comme des assertions. En effet, je
» le demande ; ces conséquences sont-elles
» bien directes ? Il y a dans l'Algèbre des
» quantités affirmatives & des quantités né-
» gatives ; donc il y a dans la nature, des
» loix d'attraction & des loix de répulsion.

» Les corps solides attirent quelquefois
» la lumière ; donc ils doivent quelquefois
» la repousser.

» La lumière sort du sein des corps lu-
» mineux ; donc elle en sort en vertu des
» loix de répulsion.

» Les particules de l'air dilaté se sépa-
» rent jusqu'à occuper un espace un mil-
» lion de fois plus grand que celui qu'elles
» occupoient auparavant ; donc il existe

» dans la nature des loix de répulſion.

» Les mouches ſe promènent ſur la ſur-
» face des eaux ſans ſe mouiller; donc il y
» a une force répulſive. Ces raiſonnemens
» ſont ſans doute très-peu concluans : ils
» ſont cependant tirés mot à mot de l'en-
» droit de l'optique de Newton, que nous
» venons de citer. Je le répète : ſi les loix
» d'attraction étoient fondées ſur de pa-
» reilles preuves, je regarderois le Newto-
» nianiſme comme un ſyſtême inſoute-
» nable ».

Diſons donc que la vue n'eſt pas aſſez ſenſible pour appercevoir des inégalités, auſſi petites que celles qui règnent ſur la ſurface des corps très-polis : que le cas eſt ſemblable à celui d'une perſonne, qui de loin jettant ſes regards ſur une prairie, n'y voit qu'une couche verte, ſans y diſtinguer les fleurs dont elle eſt parſemée, ni les intervalles qui ſont entre les brins d'herbe. Concluons, juſqu'à ce qu'on nous ait mieux prouvé le contraire, que la lumière rejaillit de deſſus les parties propres des corps. Souvenons-nous qu'il n'y a pas moins de ſageſſe, qu'aſſez ſouvent même il faut un plus grand effort de diſcernement, pour reprendre les idées vulgaires conformes à la vérité, que pour les abandonner lorſqu'elles s'en écartent.

Revenons, Monſieur, à la *phyſique du monde*, dont je me ſuis un peu écarté.

Oſerai-je le dire? Si, comme vous le prétendez, l'impulſion des rayons ſolaires avoit quelque influence pour faire tourner notre globe ſur ſon axe, elle tendroit ſans ceſſe à altérer ſa rotation d'Occident en Orient.

En effet, quand le Soleil ſe lève, toutes les parties éclairées de la terre qui ſont à ſon occident, devroient, juſqu'à ce qu'il eût atteint le Midi, recevoir dans l'hypothèſe une impulſion d'Orient en Occident. Au contraire, lorſqu'il deſcendroit de ſa plus grande hauteur à ſon coucher, ces mêmes parties ſeroient ſollicitées à ſe mouvoir d'Occident en Orient. Mais il y auroit cette différence entre le choc oriental & le choc occidental, que dans le premier, la ſurface de la Terre ſeroit frappée avec la vîteſſe des atômes de lumière plus celle que le globe a d'Occident en Orient; au lieu que dans le fecond, cette même furface feroit choquée avec le mouvement de la lumière, moins celui de la terre qui s'y fouftrairoit en partie. De ce moindre choc réfulteroit, dans la révolution journalière des planètes, une caufe de ralentiffement d'autant plus puiffante fur le globe terreftre, qu'il préfente des côtes, des montagnes élevées, telles que les Cordilières, les Apalaches, &c. dont le côté occidental feroit toujours frappé par la lumière moins fortement que l'oriental.

Permettez-moi, Monfieur, fur ce fujet, une petite digreffion relative à la queftion que l'Académie de Saint-Pétersbourg a propofée pour fon Prix de 1781.

Selon fon programme: « Comme toutes » les mefures du temps fe rapportent au » mouvement diurne de la Terre, qu'on » a toujours regardé comme uniforme & » inaltérable, &c. elle demande, fi l'on » peut produire des preuves convaincantes » de cette égalité de rotation du globe:

» ou en cas que ſon mouvement diurne ait » ſouffert quelques légères altérations, par » quel moyen on peut rectifier la meſure » du temps, afin d'en tirer une comparai- » ſon exacte entre celle des ſiècles paſſés » & celle de nos jours, &c. ».

Pour répondre à ces queſtions, j'obſerve que ſi l'impulſion des rayons ſolaires avoit réellement lieu, cette cauſe réunie au frottement que les vents aliſés occaſionnent des parties de l'air contre la ſurface de la terre entre les tropiques, au choc de ces vents contre les élévations qu'ils rencontrent, enfin à l'impulſion reconnue des eaux contre la côte orientale de l'Amérique, il s'enſuivroit que la vîteſſe de rotation de notre globe iroit en diminuant, & que notre jour ſeroit à préſent plus long qu'il ne l'étoit ci-devant.

Une meſure du temps plus exacte encore que celle que nous poſſédons, éclairciroit, comme le remarque l'Académie de Saint-Pétersbourg, cette grande queſtion. Voici ce que je propoſerai pour cet objet.

La principale cauſe des petites irrégularités remarquées dans les pendules d'obſervations, nos meſures du temps les plus exactes, vient de l'effet des divers degrés de chaleur & de froid ſur leur verge. On a imaginé différens moyens de compenſation qui n'ont qu'en partie répondu à ce qu'on s'en promettoit.

Le *gril* d'Harriſon fort exalté d'abord, paroît inſuffiſant pour cet objet; diſpenſez-moi d'entrer ici dans aucun détail. Des pendules à *gril* envoyées en différens endroits ont ſi peu ſatisfait les Aſtronomes, qu'ils y ont ſubſtitué des verges toutes ſimples.

C'eſt vraiſemblablement ce qui a engagé la Société royale de Danemarck, à propoſer un Prix pour le meilleur moyen de remédier aux effets des différentes températures ſur les horloges (1).

---

(1) Cette ſociété s'exprime ainſi dans ſon Programme : *cum docente experientiâ, neque pendula, ex pluribus virgis metallicis compoſita* (c'eſt évidemment le gril d'Harriſon,) *in horologiis aſtronomicis huc uſque adhibita ſuffecerint*, &c. Ce prix a été remporté par Milord Mahon.

On obvieroit, ce me ſemble, à ce défaut, & on parviendroit peut-être au but marqué par l'Académie de Pétersbourg, en plaçant avec les attentions requiſes deux pendules aſtronomiques, les plus parfaites poſſibles, dans un lieu où la température feroit toujours égale, comme dans les caves de l'Obſervatoire.

Pour qu'elles fuſſent à l'abri de toute influence magnétique, on feroit la verge de ces pendules de laiton ou d'argent.

Ces précautions priſes, les pendules bien réglées & leur marche parfaitement connue, on les feroit aller pendant une période de temps marquée : enſuite on les arrêteroit pour qu'il n'y arrivât aucune uſure : après un nombre d'années à volonté, on obſerveroit dans une même période & dans la même ſaiſon, ſi leur marche, comparée à celle des étoiles fixes, eſt reſtée la même. Si l'on y remarquoit quelque différence ſenſible en avance ou en retard, cela prouveroit que la durée du jour va en augmentant ou en diminuant. Multipliant cette différence par le nombre de périodes ſemblables écoulées depuis les époques où l'on voudroit ſavoir quelle étoit la durée du jour, la ſomme réſultante la feroit connoître.

Les *montres marines* pourroient être ici de quelque ſecours. Comme leur régulateur n'a point pour cauſe de ſes vibrations la peſanteur, ainſi que le pendule, mais la force élaſtique ou le reſſort combiné avec une maſſe inertique ; ſi elles parvenoient à la régularité deſirée, on verroit, par leur moyen, ſi la gravité éprouve ou non quelques légers changemens (1).

D'après ce que la renommée publie des *gardes-temps* du célèbre Artiſte Anglois, M. Arnold, digne ſucceſſeur de l'immortel Harriſon, d'après les regiſtres qui m'ont été envoyés d'Angleterre par M. le Comte de

(1) J'ai témoigné mes regrets, dans le Journal de France du 19 Février 1784, de ce que perſonne à Paris ne s'adonnoit à la théorie & à la pratique des montres marines. J'apprends avec plaiſir que M. Heſſen, Horloger brevété de MONSIEUR, frère du Roi, s'en occupe ſérieuſement. Après le témoignage flatteur que ſes Ouvrages lui ont mérité de l'Académie Royale des Sciences, on doit tout eſpérer des lumières & des talens d'un Artiſte auſſi habile.

Bruhl, où l'on voit la régularité des chronomètres marins de MM. Mudge & Emery; enfin, si j'ose le dire, d'après les expériences faites sur mes montres marines, couronnées deux fois par l'Académie (1), il y auroit quelque lieu d'espérer qu'on ameneroit ces mesures du temps à l'exactitude requise pour l'objet proposé.

---

(1) On peut consulter sur la construction de ces montres le Mémoire ayant pour devise : *labor omnia vincit improbus*, mis au concours avec ma montre marine. Il est à la suite de l'ouvrage de M. le Comte de Cassini, intitulé : *Voyage fait par ordre du Roi en 1768*, &c. On peut voir aussi *l'exposé succint des travaux de M. Harrison* & des miens *dans la Recherche des longitudes en mer*, publié en 1768. Ce célèbre Anglois, mort depuis long-temps, m'a devancé dans ce genre de travail. Lui excepté, il n'est aucun Artiste de nos jours, soit en Angleterre, soit ailleurs, qui ait pu avec une ombre de justice, me contester l'antériorité des recherches & des succès dans cette importante carrière. C'est ce que j'ai prouvé, 1°. par une lettre imprimée en 1752, qui montre que même avant cette époque, je m'occupois des montres marines ; 2°. par la copie d'un écrit déposé au secrétariat de l'Académie en 1754, & qui y est encore, contenant le projet d'une montre à longitudes, fondé sur les principes de celle que j'ai présentée à Sa Majesté Louis XV, le 5 août 1766, qui fut mise au concours un mois après, & couronnée en 1769.

Car enfin, par le rapport de M.r le Marquis de Courtenvaux, une de mes montres marines n'a varié en mer que de 7 secondes en 46 jours (1) ; & en 1771 & 1772, pendant près de six mois, la plus grande variation remarquée dans cette montre en 24 heures, n'a été que d'une seconde, malgré les agitations du vaisseau & les différentes températures dont on seroit à l'abri, par les précautions indiquées ci-dessus (2).

Si l'on pouvoit compter sur l'exactitude des mesures du temps du dernier siècle, on pourroit conclure, dès-à-présent, que la révolution diurne de la Terre seroit quelque peu plus longue présentement qu'elle ne l'étoit ci-devant.

En effet, si le jour est actuellement plus long que dans les siècles précédens, l'année doit nous paroître plus courte. Or, selon les tables rudolphines de Kepler, qui

(1) Voyez le *Précis de son voyage*, pag. 18.

(2) Voyez sur ce sujet le *Voyage fait par ordre du Roi en diverses parties de l'Europe, de l'Afrique, de l'Amérique, &c. par MM. de Verdun de la Crêne, de Borda, & Pingré.*

florissoit vers l'an 1600, l'année solaire ou astronomique est de 365 jours 5 heures 48 minutes 57 secondes 39 tierces. Selon M. Dominique Cassini, reçu de l'Académie en 1669, elle est de 365 jours 5 heures 48 minutes 49 secondes. M. de la Hire, son contemporain, ne lui donne qu'une seconde 24 tierces de plus. Enfin, selon les tables du célèbre M. Mayer, calculées de nos jours, l'an astronomique n'est que de 365 jours 5 heures 48 minutes 42 secondes 20 tierces (1).

L'année paroîtroit donc à présent plus courte de 15 secondes 19 tierces que du temps de Kepler (2); le mois lunaire seroit

---

(1) Voyez l'édition de Londres de 1770.

(2) Tous les Astronomes ne sont point d'accord sur la durée de l'année; j'ai cité les plus renommés pour leur exactitude, Kepler, MM. Dominique Cassini, de la Hire, &c. M. de Fontenelle, parlant des tables de ce dernier dans son éloge, dit: qu'*elles sont tirées immédiatement d'une longue suite d'observations assidues, non d'aucune courbe décrite par les corps célestes, qu'on ne peut avoir en Astronomie rien de plus pur & de plus exempt de toute imagination humaine.* M. Mayer a donné les meilleures tables des mouvemens & des inégalités de la Lune, elles lui ont mérité un prix de la part du Comité des longitudes en Angleterre.

diminué en proportion : d'où il faudroit conclure, comme il a été dit ci-dessus, que la durée du jour va en augmentant.

Suivant le calcul que j'en ai fait, le jour seroit présentement plus long d'une demi-seconde que du temps d'Auguste, ou peut-être l'année plus courte d'environ 3 minutes 4 secondes que sous son règne.

Car si la Terre, en parcourant son orbite, éprouve quelque résistance de la part des fluides infiniment rares de l'éther & de la lumière, elle doit perdre une quantité de sa force projectile ou centrifuge proportionnée à ces légers obstacles. Ainsi elle iroit en se rapprochant du Soleil, comme on prétend que la Lune s'est rapprochée de nous. Or, par la seconde loi de Kepler, cette moindre distance est une cause d'accélération dans sa révolution annuelle. Il paroît que c'est le sentiment d'un Auteur illustre, dont l'autorité doit être d'un grand poids (1). *Si les révolutions des astres sont*,

---

(1) M. Bailly, des Académies Françoise, des Sciences, & des Belles-Lettres. Voyez son *Histoire de l'Astronomie ancienne*, pag. 314.

dit-il, *soumises à quelque changement qui ne soit pas périodique, ce ne peut être qu'une diminution de leur durée.*

Cependant la masse du Soleil peut avoir souffert quelque altération par ses constantes émissions, & son attraction n'être plus aussi considérable que dans les siècles précédens : par cette cause la Terre & les autres planètes ont pu s'en éloigner quelque peu, d'où sera résulté un effet contraire à celui dont nous venons de parler. Enfin les *attractions* de Vénus, de Mars, de Jupiter, des Comètes, &c. peuvent aussi apporter quelque changement dans la révolution annuelle de notre globe (1) : une exacte mesure du temps est, comme le remarque l'Académie de Saint-Pétersbourg, le seul instrument qui puisse éclaircir ces difficultés.

Au reste, Monsieur, c'est avec justice que vous vous élevez contre ces êtres de raison, qu'on voudroit substituer dans la

---

(1) On peut consulter sur ce sujet les savans Ouvrages de MM. de la Lande & de la Place.

physique aux causes naturelles & méchaniques. Je me suis servi dans cet écrit du terme usité d'*attraction ;* mais je ne crois pas plus que vous que les corps puissent agir *en distance.* Si, pour expliquer les effets naturels, il faut, comme la plupart des Newtoniens & Newton lui-même (1), supposer qu'un corps agit où il n'est pas sans l'entremise d'autres corps ; *la nature*, dit M. de Fontenelle, *nous est alors si incompréhensible, qu'il est peut-être plus sage de la laisser là pour ce qu'elle est* (2).

En effet, si l'*alibi* est regardé comme la preuve la plus complette qu'un être animé

---

(1) Selon M. d'Alembert, article *Attraction* de l'Encyclopédie : « Si M. Newton paroît indécis, en quelques endroits de ses Ouvrages, sur la nature de la force attractive ; s'il avoue même qu'elle peut venir d'une répulsion, il y a lieu de croire que c'étoit une espèce de tribut qu'il vouloit bien payer au préjugé. On peut croire qu'il avoit pour l'autre sentiment une sorte de prédilection, puisqu'il a souffert que M. Côtes, son disciple, adoptât ce sentiment, sans aucune réserve dans la Préface qu'il a mise à la tête de la seconde édition des *Principes ;* Préface faite sous les yeux de l'Auteur, & qu'il paroît avoir approuvée ».

(2) Eloge de M. de Montmor.

n'eſt point auteur d'un fait dont on le ſoupçonne, pourquoi cette démonſtration n'auroit-elle pas lieu à l'égard des corps qui ne nous montrent que de l'inertie ?

Les parties de la matière ſe portent, ſelon mon ſentiment, les unes vers les autres, non par une *attraction en diſtance* que je crois chimérique, mais en vertu d'une cauſe entrevue par Kepler & par M. de Maupertuis. Une des plus grandes & des plus ſublimes vérités qui ſe ſoit dite en phyſique, eſt, je penſe, contenue dans ces vers de Virgile.

Spiritus intus alit totamque infuſa per artus
Mens agitat molem,..... &c. (1).

C'eſt ce que j'eſpère montrer dans un Ouvrage auquel je travaille depuis bien des années.

Voilà, Monſieur, les obſervations que m'a fourni votre très-intéreſſant ouvrage. Je ne crains point de vous les communiquer. Vous avez mis à vos pieds l'orgueil & la morgue ſcientifique : peut-être êtes-vous le

(1) Enéide, livre ſixième.

premier

premier Philoſophe que l'amour de la vérité ait engagé à ſolliciter des objections par écrit, à y répondre avec des égards, une politeſſe juſqu'alors inouie parmi les Savans, & que beaucoup d'entre eux feroient bien d'imiter.

J'ai l'honneur d'être avec les ſentimens qui vous ſont dus à tant de titres,

MONSIEUR LE BARON,

Votre très-humble & très-obéiſſant ſerviteur,

LEROY, *l'aîné.*

www.ingramcontent.com/pod-product-compliance
Lightning Source LLC
LaVergne TN
LVHW012009160826
845678LV00002B/727

* 9 7 8 2 3 2 9 6 6 4 9 8 9 *